Theorie der Schwingungen

und

Betrachtungen über die Elektrizität

(Analyse der Elektrizität)

von

Frédéric Kastner.

Motto:

Die wirkliche Zerstörung besteht nicht; sie ist nur ein augenblickliches Aufhören einer Vereinigung von Schwingungen oder einer Schwingung und besteht in Wirklichkeit nur im Vergleich zu dem vorher Bestandenen: denn das unendliche Leben ist ohne Stillstand die unendliche Bewegung, die unendliche Kraft, die Schwingung.

Nach der dritten Auflage in's Deutsche übertragen.

STRASSBURG.
Karl J. Trübner.
London.
Trübner & Comp.
1881.

Vorbemerkung des Herausgebers.

Der Verfasser der „Theorie der Schwingungen" hatte sich vorgenommen sein Werk zu revidiren, sowohl um in einer Spezialarbeit dieselbe zu entwickeln, als auch um durch eingehende Versuche, die er neuestens gemacht hat, mehrere ausgesprochene Ansichten zu rechtfertigen und zu begründen; aber von seinem Willen unabhängige Umstände haben bis jetzt die Erfüllung dieser Absicht aufgehalten. Mehrere Hypothesen, welche zur Zeit ihrer Veröffentlichung, d. h. vor 7 oder 8 Jahren zu kühn, und die wissenschaftliche Ketzerei zu streifen schienen, wie z. B. die Hypothese bezüglich der Analyse der Elektrizität, sind heutzutage allgemein anerkannt, sei es als erwiesene Wahrheiten, sei es als ganz plausible Ansichten. Man muss vor Allem darin dem Verfasser der „Theorie der Schwingungen" Gerechtigkeit zu Theil werden lassen, dass er, lange bevor die Arbeiten Graham Bell's und seiner Schüler gekannt und geſchätzt waren, und auch lange bevor die Entdeckungen und die Erfindungen, deren Urheber ſie waren, unter anderen diejenige des Photophon, öffentlich enthüllt waren, er als einer der ersten, wenn nicht als der erste durch die Veröffentlichung seiner Brochure, reich an wissenschaftlichen Ergebnissen unter einer bescheidenen Hülle, die Aufmerksamkeit der Gelehrten und hauptsächlich derjenigen auf sich gezogen hat, welche über die zwischen Elektrizität, Licht und Schall, durch das intermediäre Mittel der Wärme bestehenden Beziehungen Versuche angestellt haben. Als Zeugniss hiefür sehen wir die Stufenreihe, welche die Beziehungen, d. h. den ihnen angewiesenen Rang, ihre Reihenfolge bei der Scala von Schwingungen ausdrückt, die er mit Rücksicht auf unsere Sinne aufgestellt hat (cf. Seite 10 der Theorie). In der That sieht man auf die höchste

Unendlichkeit und auf den Gedanken, welche die beiden ersten Stufen einnehmen, der Reihe nach folgen:

3. die Elektrizität
4. das Licht
5. die Wärme
6. den Schall.

Als Gegenstück des Phänomens, welchem das des Photophon seine Entstehung verdankt, ist es vielleicht leicht denkbar, dass man eines Tages die Lösung des Problems erreicht, an welches F. Kastner dachte, als er den Grundsatz aufstellte (pag. 16 der Theorie), daß, „wenn ein Schall aufhört für das Gehörorgan wahrnehmbar zu sein, und wenn die Tonhöhe dieses Schalles sich beispielsweise bis ins Unendliche ($< \infty$) steigern würde, so könnte er für das Sehorgan wahrnehmbar werden“; und als er beifügte: „die Zulässigkeit dieses Grundsatzes vorausgesetzt und angenommen, man bezeichnet mit x den Augenblick, wo der Schall aufhört, von dem Ohr wahrgenommen zu werden, uud mit y den Augenblick, wo er von dem Sehorgan wahrgenommen wird, so besteht offenbar ein beträchtlicher Zwischenraum, während dessen die Schnelligkeit der Schwingungen von x—y steigt. — Es wäre interessant eine Art der Wahrnehmung von x—y aufzufinden.“ Nach der neuen Erfindung des Photophon, wo es erwiesen scheint, dass das Licht uns den Schall durch das intermediäre Mittel der Wärme verleiht, wäre es wirklich sehr interessant, diese Art der Wahrnehmung zu entdecken, und einen Apparat zu verwenden, der es erlauben würde, die zu erreichenden Stufen zu berechnen, um zu sehen, wie die Schallwellen sich in Lichtwellen umwandeln.

Das Vorausgegangene beweist, dass der Verfasser der „Theorie der Schwingungen“ gewissermassen eine Vorahnung von dem Weg gehabt hat, den die Wissenschaft auf dem Gebiet der magnetifchen und elektrischen Phänomene einschlagen würde, und dass er seinen Antheil an dem Einfluss auf die Forfchungen und auf die Studien, die zu diesem Fortschritt beigetragen haben, in Anspruch nehmen kann.

Ein gelehrter Physiker hat bei Gelegenheit eines Berichtes über die Théorie des vibrations, zur Zeit der Veröffentlichung der letzteren, offenbar mit Recht gesagt „dass die klingenden Vibrationen, in deren

Studium sich Frédéric Kastner vertieft hat, eines der grossen, der Wissenschaft lange verborgen gebliebenen, Geheimnisse der Natur sind. Man hat endlich erkannt, dass die Gesammtheit der von den erwärmten Körpern ausgehenden Strahlen sich durch wachsende Brechbarkeit, und nicht durch Veränderungen ihrer Natur und ihres Wesens sich von einander unterscheiden, und dass demzufolge die verschiedenen strahlenden Wärmegrade das Licht der verschiedenen Farben, und die chemischen Strahlen, nur die bestimmten Noten einer Reihe von Tonleitern sind, und sich von einander nur durch die verschiedene Dauer der Schwingung unterscheiden.

Die Wissenschaft ist zu dem Resultat gekommen, dass eine gegebene Anzahl von Calorieen sich in eine äquivalente Quantität mechanischer Arbeit umwandeln kann und umgekehrt; es ist ferner durch neue Versuche erwiesen, dass die Wärme, einst unter dem Namen der „Statischen“, für eine Flüssigkeit gehalten, nichts anderes ist, als die Summe lebendiger Kräfte, welche die Molekule der erwärmten Körper belebt.“

Theorie der Schwingungen

und

Betrachtungen über die Elektrizität

(Analyse der Elektrizität).

I. Theorie.

Die Natur geht von einem einzigen und einheitlichen Prinzipe aus: die Schwingung, d. h. unendliches Leben, unendliche Bewegung oder unendliche Kraft.

Wir unterscheiden in Bezug auf unser Erkenntnissvermögen [1]):

1. **unendlich schnelle** Schwingungen,
2. **unendlich langsame** Schwingungen.

Die **unendlich schnellen** Schwingungen können sein **unendlich grosse** oder **unendlich kleine**; und auf der anderen Seite können **unendlich langsame** sein: **unendlich grosse** oder **unendlich kleine**.

Diese Schwingungen bis zum Unendlichen bilden eine einzige und unendliche Kette.

---

[1]) „Il existe par rapport à nous.“

Folgende Reihe dieser Schwingungen, und zwar in derselben Beziehung kann dann aufgestellt werden:

1. **Unendlich höchste,**
2. **Gedanke,**
3. **Elektrizität,**
4. **Licht,**
5. **Wärme,**
6. **Schall,**
7. **Gase,**
8. **Flüssigkeiten,**
9. **Feste Körper,**
10. **Unendlich niederste.**

Als Folge dieser unendlichen Schwingungen[1]) stelle ich folgenden Grundsatz auf:

---

[1]) „Infinis vibrants."

Diese Schwingungen, gegenseitig auf einander wirkend, oder die einen in den andern wirkend, und zwar in mehr oder weniger grosser Zahl im Verhältniss der einzelnen zu einander, können Vereinigungen bis in's Unendliche bilden, die, wenn auch unabhängig von einander, sich wieder in Unterabtheilungen bis in's Unendliche spalten und Gebilde schaffen können, die von unsern Sinnen wahrgenommen werden, von denen wir uns Rechenschaft ablegen können, indem wir selbst nur eine Resultante dieser Vereinigungen und Gebilde darstellen.

Alles sinkt herab vom unendlich **höchsten** zum unendlich niedersten, durch **schnelle** oder **langsame, grosse** oder **kleine** Schwingungen.

Alles steigt wieder vom unendlich niedersten zum unendlich **höchsten** durch **schnelle** oder **langsame, grosse** oder **kleine** Schwingungen herauf.

Da die Schwingungen einheitliche sind[1]), so haben zwei Schwingungen gleicher Befchaffenheit das Bestreben sich durch Vereinigung zu vermischen. Dies geht aus der Natur der Schwingung selbst hervor: da Jedes ein Theil des Ganzen ist[2]).

Das Resultat der **Bildungen** von Schwingungsvereinigungen oder der uns wahrnehmbar gewordenen Körper ist die augenblickliche Vereinigung dieser Schwingungen.

[1]) „La vibration étant une."
[2]) „Tout étant dans tout."

II. Interferenz.

Das Resultat der **Zerstörung** dieser Schwingungen in **Beziehung zu uns** ist nichts als die Zertrennung dieser Schwingungen, als deren Resultat sich die Zerstörung der für uns wahrnehmbar gewordenen Gebilde ergibt.

Diese Zerstörung ist nichts als eine neue Wiedervereinigung von unendlich höchsten mit niedersten; oder niedersten mit höchsten; oder höchsten mit höchsten; oder niedersten mit niedersten.

Die Zerstörung ist die **Interferenz:** d. h. die vollständige Zerstörung einer Schwingungsvereinigung durch eine andere Schwingungsvereinigung oder durch eine andere Schwingung, die mit gleichen Kräften und unter gleichen Bedingungen damit zusammentrifft (zwei gleiche und entgegengesetzte Kräfte heben sich auf). Die wirkliche Zerstörung besteht nicht; sie ist nur ein augenblickliches Aufhören einer Vereinigung von Schwingungen oder einer Schwingung, und besteht in Wirklichkeit nur im Vergleich zu dem vorher Bestandenen: denn das unendliche Leben ist ohne Stillstand die unendliche Bewegung, die unendliche Kraft, die **Schwingung**[1]).

---

[1]) „La destruction réelle n'existe pas; elle n'est qu'une cessation momentanée d'une association de vibrations ou d'une vibration, et n'est réelle que par rapport à ce qui existait précédemment: L'infinie vie, étant sans cesse le mouvement infini, la force infinie, la *vibration.*"

III. Schwingung oder unendliche Bewegung.

Alles sinkt vom unendlich höchsten zum unendlich niedersten abwärts mittelst einer gleichförmig veränderlichen Bewegung.

Alles steigt vom unendlich niedersten zum unendlich höchsten aufwärts mittelst einer gleichförmig veränderlichen Bewegung.

Die gleichförmige Bewegung existirt nur in Bezug auf unser Erkenntnissvermögen, ebenso wie der durchlaufene Raum, die Zeit, die Geschwindigkeit und die endliche Bewegung (mouvement fini).

Höchste und niedrigste Unendlichkeiten.

Alle Körper sind zusammengesetzt aus unendlich höchsten und unendlich niedersten.

Interferenz.

Zwei in allen Punkten gleiche Schwingungen, von denen die eine um eine halbe Wellenlänge später abgegangen ist, heben sich auf.

IV. Endliche Bewegung.

Die endliche Bewegung, welche von der unendlichen Bewegung ausgeht, ist das Resultat einer Abstossung oder einer Anziehung, und kann nur ein Bruchtheil einer Schwingung sein.

Die endliche Bewegung in Bezug auf unser Erkenntnissvermögen ist durch die Interferenz verursacht.

Die Interferenz hat die Abstossung verursacht, indem sie aus dieser Abstossung ein Hinderniss für die Anziehung macht.

Wenn zwei Schwingungen einem Hinderniss begegnen, welches durch Interferenz verursacht ist, so findet die Anziehung nur statt, wenn es jenen gelingt dieses Hinderniss zu überwinden.

Es gibt in Bezug auf unser Erkenntnissvermögen endliche Bewegungen bis in's Unendliche.

Aus der Interferenz resultirt in Bezug auf unser Erkenntnissvermögen der durchlaufene Raum, die Geschwindigkeit, die Zeit und die endliche Bewegung.

Zwei grosse Ursachen setzen der Bewegung eine Grenze, der **Widerstand** und die **Ermattung.**

Der Widerstand ist ein mehr oder weniger kräftiges Hinderniss.

Die Ermattung ist die Folge eines anhaltend wirkenden schwächeren Hindernisses.

In der Bewegung bedeutet die Interferenz die gewaltsame Zerstörung der Anfangskraft durch ein in annähernd entgegengesetztem Sinne wirkendes Hinderniss, deren Resultat **Null** ist.

Wenn eine Schwingung in Bezug zu einer anderen um etwas mehr oder etwas weniger als eine halbe Wellenlänge abweicht, so zerstört sie dieselbe nicht vollständig, aber sie verändert sie.

Daher alle für uns zusammengefassten Erscheinungen (endliche Bewegung, durchlaufener Raum, Geschwindigkeit, Zeit, Verschiedenheit der Körper).

Betrachtungen.

V. Beziehungen zwischen Schall und Licht.

Als Beispiel meiner Theorie beschränke ich mich darauf, die Analogie zu erwähnen, welche zwischen Lichtwellen und Schallwellen besteht; eine Analogie, die erstaunlich erscheint, obgleich der Unterschied nur in der Geschwindigkeit besteht.

Ich stelle daher als Grundsatz auf:

> **Wenn ein Schall aufhört für das Gehörorgan wahrnehmbar zu sein, und wenn die Tonhöhe dieses Schalles sich beispielsweise bis ins Unendliche ($< \infty$) steigern würde, so könnte er für das Sehorgan wahrnehmbar werden.**

Wenn wir, die Zulässigkeit dieses Grundsatzes vorausgesetzt, mit X den Augenblick bezeichnen, in welchem der Schall aufhört für das Ohr wahrnehmbar zu sein und mit Y den Augenblick, wo er für das Sehorgan wahrnehmbar wird, so besteht augenscheinlich eine beträchtliche Discontinuität, während deren die Geschwindigkeit der Schwingungen von X bis Y steigt.

Es wäre sehr interessant einen Sinn für die Wahrnehmung des Intervalles X bis Y zu besitzen.

VI. Beziehungen zwischen Schall und Elektrizität.

In der Akustik stellt das Aufhören des Schalles in Folge der Interferenz die gewaltsame Vernichtung der hörbaren Töne dar.

Die Ursache, welche diese Schwingungen hervorgebracht hat (wenn dies z. B. zwei tönende Flammen sind) wird augenblicklich vernichtet: die beiden Flammen, welche für einen Augenblick einander genähert wurden, um Stille hervorzurufen, besitzen alle erforderlichen Eigenschaften, um, sobald von einander entfernt, in Schwingung versetzt zu werden, wenn diese Flammen den gewünschten Bedingungen entsprechen.

Bei der magnetischen Interferenz, wenn zwei gleiche Magnetnadeln übereinander liegen, finden ganz dieselben Verhältnisse statt; nur bezieht sich die Interferenz auf die beiden sogenannten Pole. Sie wird wahrnehmbar durch Ueberlegung, und nicht unmittelbar, wie der Schall und das Licht, durch unseren Gehör- oder Gesichtssinn.

Man hat sich ein magnetisches Ohr zu denken, d. h. man hat sich zu denken, dass der Mensch einen neuen Sinn besitzt, mit welchem er die magnetischen Schwingungen empfinden kann, wie er die Schall- oder Lichtschwingungen hört oder sieht.

Ein solcher Mensch wird auf irgend welche Weise eine magnetische Nadel sehen oder wahrnehmen, und zwar so lange als diese Nadel magnetisch bleibt. Ruft man die Interferenz hervor, wie ich im Vorausgehenden angedeutet habe, so wird dieses Ohr oder dieser neue Sinn für einen Augenblick keinerlei Sinneseindruck empfangen.

Ebenso verhält es sich mit der Elektrizität.

Man hat sogar schon die Wellenbewegungen des elektrischen Lichtes im luftverdünnten Raum mit den Schallwellen verglichen.

Betrachtungen über die Elektrizität.

VII. Analyse der Elektrizität.

Man analysirt den Schall, die Wärme, das Licht, warum sollte man nicht auch die Elektrizität analysiren?

Könnte man nicht als analytische Definition der Elektrizität folgende Definition geben:

Die Elektrizität ist eine aus Schwingungen bestehende, zusammengesetzte Bewegung[1].

Als Proben lassen wir zwei Versuche folgen, von denen der zweite neu ist.

[1] „L'électricité est un mouvement vibratoire décomposable."

Erster Versuch.

Die Maschine von Holtz bringt je nach Belieben statische oder dynamifche Elektrizität hervor. Ist dies nicht ein Beweis, dass die Elektrizität eine aus Schwingungen bestehende zerlegbare Bewegung ist, da doch eine und dieselbe Maschine zweierlei Sorten hervorbringen kann?

In diesem Falle ist das Reagens oder das Prisma, mittelst dessen man die Elektrizität von ihrer ersten zu ihrer zweiten Aeusserung übergehen lässt, einfach die Leydener Flasche.

Desgleichen bedenken wir, dass die Elektrizität einer Elektrizitäts-Scheibe, wenn sie in ein elektrisches Ei, in welchem luftfreier Raum sich findet, übergeht, in einer der dynamischen Elektrizität sich nähernden Weise zur Aeusserung kommt.

Zweiter (neuer) Versuch.

Man stellt auf eine Holzplatte eine grössere oder kleinere Zahl hermetisch verschlossene, reinen Sauerstoff enthaltende Glasgefässe.

In jedes dieser Gefässe werden Platina-Drähte gebracht, welche Unterbrechungsstellen von ca. 1 mm besitzen.

Diese Gefässe sind äusserlich mit einander mittelst eines anderen Platinadrahtes verbunden, welcher mit dem Platinadraht innerhalb jedes Gefässes in Verbindung steht.

Man experimentirt alsdann, während man in jedes Gefäss einen durch Jod-Stärkekleister empfindlich gemachten Papierstreifen bringt, welcher durch seine mehr oder weniger ausgesprochene bläuliche Färbung die Quantität von Ozon darstellen soll, welche durch den Uebergang des elektrischen Funkens gebildet wird.

Lässt man durch diese Reihenfolge von Gefässen den Strom eines Ruhmkorff'schen Induktions-Apparates oder die Funken einer Elektrisirmaschine durchtreten, so kann man beobachten, dass die Papierstreifen innerhalb der der Elektrisirmaschine am nächsten stehenden Gefässe eine deutlicher blaue Färbung annehmen als die in der Mitte.

Der Grund hievon muss darin liegen, dass die Elektrizität ihre Fähigkeit zu ozonisiren schon in nächster Nähe des Induktionsapparates verliert, um in der Mitte, d. h. an Stelle der grösseren Entfernung, nur noch Licht, Wärme etc. erzeugende Eigenschaften zu besitzen.

Die Elektrizität hat also das eine „Etwas", welches dazu diente den Sauerstoff zu ozonisiren, verloren; man kann dabei nicht sagen, dass die Elektrizität ihre Intensität in Beziehung auf andere Erscheinungen eingebüsst hätte, da sie noch ebenso wirksam ist in der andern Richtung, in den Gefässen der Mitte und in den entferntesten Gefässen. Sie hat nur dieses eine „Etwas" oder das **ozonisirende Vermögen** verloren.

Die Elektrizität hat also eine ihr zukommende Fähigkeit verloren.

Es erscheint demzufolge erwiesen, dass die Elektrizität eine zusammengesetzte Schwingungsbewegung ist.

Paris, Juni 1875.

Druck von W. Kohlhammer in Stuttgart.